Demande de travail sur les nébuleuses

Maquette de la couverture : Claude Lafrance
Photographie de la couverture : Algis Kemezys

ISBN 2-7609-0171-8

Dépôt légal — Bibliothèque nationale du Québec
4e trimestre 1988

Imprimé au Canada

Jovette Marchessault

Demande de travail sur les nébuleuses

LEMÉAC

La paix du monde

Le théâtre de Jovette Marchessault entre résolument au-delà de la littérature qu'on appelle déjà l'écriture du nouvel âge. Ses thèmes et l'exploration hypersensible qu'il propose du monde de l'âme conduisent ses personnages dans l'univers des échanges prospectifs avec les forces de la vie et de la mort. Par une intégration de la souffrance humaine et de sa misère, et par une vision toujours renouvelée du réel, l'auteure met au monde des créatures dont la lucidité pénétrante, de pièce en pièce et de roman en roman, fait chavirer la mémoire des formes et s'ouvrir le chemin qui mène à la paix du cœur et de l'esprit.

Demande de travail sur les nébuleuses *situe son propos dans le ciel d'une maison d'Amérique, au seuil du XXIe siècle, au cœur d'une famille universelle qui regroupe quatre enfants de la Terre : le père, réserve de sperme, chasseur de canards et de femmes, travailleur de la Onzième heure ; la mère, qui écrit une lettre d'amour aux étoiles ; le fils, barman à New York et chômeur spirituel ; la fille, médecin dans les Andes, désireuse de mettre au monde des enfants révolutionnaires qui viendront embellir la terre et la rendre plus juste, plus habitable.*

Quels liens les unissent encore, au cours des cinq tableaux qui sont autant de rendez-vous, lorsqu'ils se regardent hors du temps ? Quels liens le sang a-t-il tissés entre eux, et de quel droit ? Si le sang est le plus beau théâtre, quels personnages jouent ces quatre enfants entre la vie et la mort, depuis la jeunesse initiatique des uns jusqu'à la vieillesse amère des autres ? Et si cette lucidité qui amène la mère à voir toute l'existence d'un regard différent devenait un état permanent de rapport aux êtres et aux matières qui supportent la vie ? Et si partir pour l'Alaska, pour «contempler la jeunesse du monde», signifiait un retour à la création des âges qui ont précédé la formation géo-psychique de la condition humaine ?

L'accumulation de cette grande fatigue qui les accable emprisonne leur âme dans une cage de mémoire planétaire où toute la famille qui s'appelle l'humanité souffre de l'impuissance de l'émotion. Si le père déprime parce qu'il a cru pouvoir refaire le monde sans y parvenir, si la mère supporte le poids de ce monde qu'il n'a pas rebâti, si la fille, reine des ténèbres, continue la suite du monde en devenant enceinte, porteuse d'un enfant révolutionnaire pour des parents stériles, si le fils, prince de la pénombre, veut consacrer sa vie à la pensée extrême-orientale, quel portrait de la vie s'offre à leurs yeux soudain au seuil de l'ère nouvelle ? Et à quel prix voient-ils ce qui doit être vu ? Le courage et la dignité s'arrachent à coups de douleur. Les enfants, dit le père, sont «des questions que nous posons au monde». Une fille amazone qui a trouvé sa voie, un fils qui poursuivra la voyance de la mère et cherchera le sentier de l'esprit hors de cette Amérique nocive et décadente... Et les parents sont peut-être aussi des questions que les enfants posent au monde. Jusqu'où les parents mènent-ils leur propre vie à travers celle de leurs enfants et celles de leurs propres parents ? Les milliards d'humains qui sont passés sur la Terre, et ceux qui y sont, et ceux qui s'en viennent, et plus tard ceux qui viendront peut-être, tous ces corps et ces esprits qui viennent travailler dans le dur labeur de vivre, qui donc les choisit, et qui donc leur indique la route qui les amène depuis les Nébuleuses jusqu'à cette Terre belle et souillonne qui leur sert d'asile le temps d'une vie ? Qui donc ?

Toutes ces questions habitent le théâtre de Jovette Marchessault et donnent à son écriture une dimension de l'infini. Plus encore qu'au seuil d'une pièce, l'on est au seuil des réponses définitives. Les personnages de sa dramaturgie font le dur apprentissage de la conscience. La mère n'a-t-elle pas déjà dit à sa fille : «Un jour, nous saurons tout. Tout sera dit. Toutes les larmes seront essuyées, tous les dos brisés se redresseront.»

Le temps de l'écriture de ces choses est arrivé.

Pierre Filion

Née de l'hiver de l938, à Montréal, dans un milieu ouvrier, ce n'est qu'après des années d'itinérance en terre d'Amérique qu'à trente-deux ans, autodidacte, Jovette Marchessault entreprend, à travers la peinture et l'écriture, une quête spirituelle. De 1970 à 1979, elle expose ses tableaux à travers le Québec et aussi à Toronto, New York, Paris et Bruxelles.

En 1975, elle a publié *Le Crachat solaire*, premier volume d'une trilogie romanesque intitulée *Comme une enfant de la terre*, qui lui mérite le prix France-Québec. En 1981 suivra *La Mère des herbes*, et en 1987 le dernier volet, *Des cailloux blancs pour les forêts obscures*. Au théâtre, elle a fait jouer *Les Vaches de nuit* (monologue, 1978), *Les Faiseuses d'anges* (monologue, 1979), *La Saga des poules mouillées* (1979), *La Terre est trop courte, Violette Leduc* (1980), *Alice & Gertrude, Natalie & Renée et ce cher Ernest* (1983), *Anaïs dans la queue de la comète* (1985, Prix du *Journal de Montréal*).

CRÉATION ET DISTRIBUTION

Demande de travail sur les nébuleuses a été créé à Montréal le 2 novembre 1988, par le Théâtre d'Aujourd'hui, avec la distribution suivante :

Le père : Gary Boudreault

La mère : Hélène Guérin

La fille : Marie-Louise Nadeau

Le fils : Jean Peticlerc

Mise en scène : Yanick Auer

Décor : Louise Campeau

Costume : Dalia Chauveau

Éclairage : Louise Dubeau

Musique : Robert Caux

Maquillage : Florence Cornet

Assistance à la mise en scène et régie : Maryse Labbé

Directeur artistique : Robert Lalonde

Directeur de production : Yvon Baril

TEMPS

C'est celui de la Onzième heure, de la dernière heure de travail avant la Grande nuit.

LIEU

Dans une maison en Amérique du Nord. En fait, cette maison n'est déjà plus sur la Terre. Elle plane dans l'espace, tel un toit arraché par la tempête.

DÉCOR

Une porte et son seuil. Une seule pièce dépouillée de tout car les protagonistes sont sur le point de la quitter à jamais. Sur le mur, un grand poisson naturalisé et sur la petite table où la mère écrit une lettre, la dépouille d'un oiseau, celle d'un canard mandarin. Cette dépouille est naturalisée.

LES PROTAGONISTES

Ils sont liés entre eux par les liens de la parenté du sang : le père, la mère, le fils et la fille.

DEMANDE DE TRAVAIL SUR LES NÉBULEUSES

Cette pièce est dédiée à la mémoire
de Rimouski-Belle

Premier tableau

L'HOMME QUE LES FEMMES ADORENT

SCÈNE I

LE FILS

De ce geste élégant et désinvolte dont lui seul a le secret, il fait signe au monde de s'arrêter et le monde s'arrête. Le monde... Autrement dit : les femmes ! Alors, son visage a l'expression d'un homme comblé qui se souvient du reste des humains par politesse. Il est l'homme que les femmes adorent.

LA FILLE

C'est mon père.

LA MÈRE

C'est mon mari. L'homme qui doit me durer toute une vie.

LA FILLE

C'est un homme qui attire l'œil.

LA MÈRE

Son charme est un don du ciel.

LE FILS

De temps en temps, pour m'amuser, j'aime bien faire courir des rumeurs... Mes amis, mon père a été abattu par la pègre dans un quartier louche de la ville.

LA MÈRE

Non ! Il est mort de chagrin. La douleur lui a fait comme un anneau d'arthrose autour du cœur.

LE FILS

C'est un fugitif... Une violente querelle dans un bar avec le mari d'une de ses maîtresses... La police, les chiens... Il se cache dans une ravin obscur, les lèvres mouchetées de sang.

LA FILLE

Un éclair déchirant la nuit ! Il s'est retiré de la scène, tel un acteur vieillissant.

LE FILS

Quand chancelant, il réapparaît dans le clair soleil de midi, les femmes s'agglutinent autour de lui. Ainsi que des enfants de chœur autour d'un ostensoir.

LA FILLE

C'est encore un bel homme. Devant lui, les graves questions de l'heure. Il veut travailler à l'élaboration d'un ordre universel au bénéfice des générations à venir.

LE FILS

C'est un homme mû par un besoin très pressant de copulation.

LA FILLE

Bien que j'aie perdu la foi de mon enfance depuis longtemps, il m'arrive de prier pour lui le soir avant de m'endormir. Cela m'arrive aussi quand je me lève.

LE FILS

Quelle réserve de sperme, mon père.

LA FILLE

Il a dit qu'il m'écrirait. Pour qui il me prend ? Pour une de ces petites écervelées de son autre lit ? M'écrire ? Il n'a même pas voulu me dire au revoir.

LE FILS

Avec moi, il a toujours voulu être parfait : patience, conseils, indulgence à n'en plus finir. Il me laissait déboutonner sa veste de pyjama...

LA FILLE

Il me laissait tirer sur les nombreux poils gris qui ornaient sa poitrine.

LE FILS

Il nous regardait, la bouche entrouverte...

LA FILLE

Comme s'il était assailli de visions.

LA MÈRE

Vu en pleine lumière, il donne les premiers signes du déclin qui mène à l'homme fumeur de cigares et de pipes.

LE FILS

C'est lui qui m'a façonné : le grand air, la marche en forêt le long des rivières et ses deux saisons préférées, l'automne et le printemps. Quand la chasse ouvre, à la fin d'octobre, juste avant que l'eau gèle, il m'emmène tirer le canard dans sa baie préférée. Chaque automne, il nous faut la dépouille d'un canard mandarin.

LE PÈRE

Regarde-moi ces plumes d'un beau bleu sombre. Elles ont juste la raideur requise. Le plumage du canard mandarin est celui qui est le plus recherché pour fabriquer des mouches à truite.

LE FILS

Au printemps, dès que les amélanchiers commençaient à fleurir, nous partions à la pêche. Juste nous deux...

LE PÈRE

Juste toi et moi. Quelques jours sans femmes !

LE FILS

Dans les rivières, les poissons remontaient le courant vers un rendez-vous d'amour.

LE PÈRE

Regarde-moi ces poissons ! Les mâles sont parés de leur toilette nuptiale. Les femelles creusent le sol avec leur ventre. Ça t'excite, hein ? Une journée sans femmes, au printemps et en automne...

LE FILS

La jeunesse, c'est l'âge aux mains vides, hein, Pa ?

LE PÈRE

Juste toi et moi, les canards mandarins et les truites.

LE FILS

Je pressens une grande flamme invisible au sommet des montagnes et le feu qui court dans les pages blanches où il n'y a encore rien à écrire. Je donnerais vingt ans de ma vie pour qu'un seul mot, qu'une seule phrase m'appartienne en propre. J'entre et je sors de la journée tel un cosmonaute sans pesanteur...

LA FILLE

Une actrice démunie d'être. Je suis dans les coulisses, attendant un signe du grand régisseur pour entrer en scène, brûler les planches, souffrir mille morts et affirmer, pour ne pas perdre la face, que tout va aussi bien que possible, alors qu'en vérité tout se disloque, se dissout !

LE FILS

Je rapporte à la maison des gestes, des attitudes qui ne coïncident jamais tout à fait avec moi-même tellement je suis épart en mille images que personne ne peut soutenir.

LA FILLE

Ah ! les terribles scènes de ménage avec l'identité. Que de vaisselles cassées sur le doute, l'appréhension.

LE FILS

Prends garde ! S'il fallait que la vie se fâche pour de bon ? S'il fallait qu'elle nous tourne le dos !

LA FILLE

S'il fallait qu'elle claque la porte !

LE FILS

Ne pars pas la vie !

LA FILLE

Reviens à la maison ! L'avenir s'annonce meilleur.

LE FILS

Ai-je du talent pour la vie ? De l'ambition et du charme comme mon père ?

LA FILLE

Suis-je aussi belle que ma mère ? Aussi généreuse et intelligente ?

LE PÈRE

Que veux-tu ?

LE FILS

Une vie merveilleuse... Une femme, du travail, des voyages, des enfants...

LA FILLE

Je veux une vie pleine et riche. Être utile...

LE PÈRE

Le bonheur à deux. Le petit bonheur coin du feu ! Tu traînes en pyjama et elle en bigoudis, à se pommader les pattes d'oie. Pas un homme sur la terre n'est fait pour cela.

LE FILS

Je ne rajeunis plus.

LE PÈRE

Les faits parlent par eux-mêmes : les femmes nous isolent.

LA MÈRE

C'est moi qui m'occupe de tout ici. Tu n'as pas le droit de lui imposer ton étroite vision de la vie. Le monde est grand, si grand !

LE PÈRE

Reste à ta place. J'ai une communication télépathique avec mon fils. Je ne l'entends plus. Cette tristesse obscure qui se répand sur moi.

SCÈNE II

LA MÈRE

Chère Stella, chère vieille amie. Ta lettre me bouleverse. Cette impression de fatigue, d'épuisement, je la partage avec toi. Oh ! si seulement nous pouvions l'arracher de nous. Pourtant... Pourtant il m'arrive de penser que toutes nos certitudes sont peut-être rassemblées dans cette fatigue. Stella, la fatigue sera-t-elle notre dernier mouvement ? S'il en était ainsi, j'en serais terriblement déçue.

Nous devons, encore et toujours, nous mettre en marche. Et tant pis si nous trébuchons sur nos pauvres jambes. Un pas. Encore un pas en avant ! Après tout, nous avons vécu tant de moments exceptionnels. Nous pourrions passer des jours et des jours à nous dire : tu te souviens ? Tu te rappelles ? C'était en hiver devant un feu qui ne s'éteindra jamais. Nous nous sentions vastes et sages, dignes de nous avancer au milieu des créations immémoriales de la terre et du ciel.

LE PÈRE

C'était au printemps. Le soleil était encore pâle sur l'herbe printanière...

LA MÈRE

Tu as dit : mon cœur fait des culbutes ! Je m'en souviens Stella. Tu as ajouté : mon cœur fait des bulles avec mon sang. Est-ce que c'était à propos de ce nid d'hirondelles dans ta fenêtre ? Ou parce qu'un amant mystérieux t'avait donné rendez-vous dans un verger ?

LE PÈRE

On ne voyait plus l'eau des neiges mais on l'entendait, souterraine.

LA MÈRE

Il se passait toujours quelque chose. Même si je ne comprenais pas tout. Ni pourquoi ! Ni comment ! Aujourd'hui seulement, je commence à comprendre que c'était l'amour. L'amour donné à fond perdu. Il ne rapportait rien, il rapportait tout. Je refuse de croire que toutes ces heures de bonheur, ces moments de beauté soient à jamais inutilisables ! La vie est toujours présente, Stella. Souvent difficile, aride et angoissante. Allons-nous, au moment où elle est particulièrement difficile, la quitter comme on quitte, à l'entracte, une pièce qui ne nous plaît plus ?

Après toutes ces années, il me semble que je n'ai perdu qu'une chose : mon beau port de tête. Je me rends compte, maintenant, que je me suis longtemps promenée dans le monde avec une tête tranquille et confortable car quelques principes très logiques suffisaient à me la garder en place. Ce qui est relativement facile quand on n'a plus une seule pensée vivante dedans.

Au moment où je t'écris, ma tête est comme une fourmilière ! Pour des raisons dont je te fais grâce, nous allons partir pour l'Alaska, « contempler la jeunesse du monde », dit mon mari. La jeunesse du Monde ! ! ! Une baie hérissée d'icebergs gigantesques qui voguent vers la mer de Beaufort. En Alaska on vit à cheval sur quatre fuseaux horaires, parmi les mouflons, les loups, les renards blancs, les ours, les morses et les caribous sur une terre éprise de volcans et d'oiseaux. Ah ! Les oiseaux ! Ces magnifiques rapaces, que l'on nomme pygargues, se laissent dériver sur les banquises...

LE PÈRE

Et les grives solitaires, l'aigle royal et le garrot à l'œil d'or, le plus beau canard d'Amérique...

LA MÈRE

Mon mari ne peut oublier le coup qui vient de nous frapper, Stella. L'homme d'action par excellence est rongé par le doute...

LE PÈRE

Tous les hommes de ma génération voulaient conquérir le monde, le changer. Le même besoin, le même sentiment d'urgence s'étendait au monde entier. Nous étions ainsi que des acteurs sur une vieille photographie de scène : nous posions trop ou trop peu. Quand le rideau est tombé, nous avons entendu l'écho des applaudissements des fantômes : ceux de toutes les guerres à venir.

LA MÈRE

Ce libre penseur, cet idéaliste se pose des questions auxquelles il ne sait comment répondre. La dépression l'a rattrapé !

LE PÈRE

« Chacun est le bienvenu chez nous, disait Kafka. Rêvez-vous de devenir artiste ? Venez ! Notre théâtre emploie tout le monde et met chacun à sa place. Êtes-vous décidé ? Nous vous en félicitons. Mais hâtez-vous de vous présenter. Avant minuit. Car à minuit nous fermerons et n'ouvrirons plus jamais. Malheur à qui n'aura pas cru... »

LA MÈRE

Si tu te mettais au travail !

LE PÈRE

C'est samedi aujourd'hui. Mais il n'est pas exclu que ce climat de déprime revienne dimanche, lundi, mardi... Tu ne sais pas ce que j'endure !

LA MÈRE

Je le sais très bien.

LE PÈRE

Si je pouvais tout recommencer...

LA MÈRE

Tu imagines que ton chemin escarpé, semé d'embûches et de ronces est un chemin solitaire... C'est bien ça ? En fait, c'est un chemin rebattu que tout le monde emprunte.

LE PÈRE

À mon âge on est rendu au bout de son chemin rebattu !

LA MÈRE

Tu es en pleine santé.

LE PÈRE

Un vieux rigolo qui refuse de mourir. J'ai la peau flasque, une tranche de porc rose pâle. Si c'était à recommencer je ferais de la gymnastique, je passerais toutes mes journées dans un gymnase. Au diable le travail et les femmes !

LA MÈRE

Je n'ai pas un seul faux pli au ventre. Souvent j'ai le sentiment que je pourrais encore vivre une révélation. Je me sens légère et savante. Pour la première fois de ma vie j'ai la certitude que je pourrais comprendre les plus belles et les plus mystérieuses réalités de ma vie sur la terre. Je pourrais encore avoir un enfant !

LE PÈRE

Encore un discours d'hormones !

LA MÈRE

Je parle de passion et d'énergies. L'existence est devenue une chose supportable pour moi. Une chose dont le plaisir ne dépend pas uniquement de toi ou de la fatalité.

LE PÈRE

La rieuse servante de l'homme a parlé. Insensible et sans pitié !

LA MÈRE

Tu veux toute la pitié pour toi-même. Ta simple part de pitié en tant que membre de l'humanité ne te suffit pas.

LE PÈRE

Non, elle ne me suffit pas. Je ne suis pas un cas parmi tant d'autres. Je ne suis pas une statistique. Je suis unique. Unique ! Mais toi, tu préfères déverser un flot de compassion sur ton amie Stella, cette enfant gâtée...

LA MÈRE

Cette enfant gâtée a ton âge. Quelque part à Rome, à l'instant même, elle est assise dans un appartement désert, rognée petit à petit par la mort.

LE PÈRE

Et son mari ?

LA MÈRE

Il l'a plantée là. Il est parti en Suisse, rejoindre une jeune pianiste. Dire qu'elle lui a sacrifié la musique, sa carrière. Pire : son essence !

LE PÈRE

Mais je croyais que vous étiez brouillées, Stella et toi ?

LA MÈRE

C'était il y a si longtemps. J'avais à peine vingt ans. Vingt ans ! Une autre femme sur une autre planète. À vingt ans on est prêt à se brouiller avec n'importe qui. Mais l'estime et l'admiration que j'avais pour Stella l'ont emporté. Quand on interprète la musique de cette façon on n'est pas quelqu'un de méprisable.

LE PÈRE

L'Europe, nos amis, notre jeunesse...

LA MÈRE

Une carte postale agrandie à l'échelle du réel.

SCÈNE III

LE PÈRE

La nuit dernière j'ai rêvé à ma mère. De toute ma vie, je crois que je n'ai jamais rêvé à ma mère. Dans mon rêve, je survolais sa tombe. Et j'étais fier car en plus de voler dans les airs, je portais mon plus beau complet. Dans un entortillement de racines, entourée de ses fleurs préférées, les pivoines rouges, ma mère était allongée dans sa tombe, l'air parfaitement heureuse. J'étais tellement ému de la revoir... Je me suis approché d'elle pour lui parler mais elle s'est mise à rire, à gorge déployée. J'ai pensé qu'elle ne me reconnaissait pas ! Après tout, il y a si longtemps qu'elle est morte. Maman ! Maman ! C'est moi, ton fils. Ton seul enfant. Mais elle riait de plus en plus fort, se moquant de moi. Alors... je me suis regardé... Je me suis vu avec ses propres yeux : je n'étais plus qu'une affreuse et chétive carcasse. Quelque chose de risible et de misérable. Partout, autour d'elle, tout était d'une luxuriance, d'une ampleur que je ressentais comme une offense. Si tu savais comme j'avais honte de mon squelette d'âme. J'aurais voulu disparaître, cacher cette chose qui déclenchait l'hilarité de ma mère. De toutes mes forces, j'ai essayé de changer la trajectoire de mon vol. Impossible ! Je tombais, je tombais de plus en plus vite vers elle qui riait. Soudain, je l'ai vue se lever, sortir de sa tombe pour venir à ma rencontre, telle une émanation putréfiée. Je voyais ses mains jaunes de vieille morte... Et je me suis réveillé. Je ne veux plus retourner chez les morts !

LA MÈRE

Tu pleures ?

LE PÈRE

Et je ne sais même pas pourquoi. Il n'y a que les femmes qui savent pourquoi elles pleurent.

LA MÈRE

Nous vivons une époque difficile où vieillir est condamnable...

LE PÈRE

Et suspect. Tous ces discours mille fois ressassés sur la vieillesse. Jamais une pensée originale et sensible. Être vieux ce n'est même plus compatible avec la dignité humaine. Le climat social dans lequel nous baignons ferait vomir une hyène !

LA MÈRE

Tous ces cœurs brisés continuent de battre. Ils rêvent de plus en plus fort, de consolation...

LE PÈRE

Cupidité ! Rapacité !

LA MÈRE

Elle s'en vient, la grande paix, la grande joie. Nos enfants la feront arriver !

LE PÈRE

Où sont passés tous nos amis ?

LA MÈRE

Ils se font discrets. D'une discrétion bien cruelle.

LE PÈRE

Discrets comme la rumeur... Ils chuchotent sans arrêt... Ils me désignent derrière mon dos !

VOIX DES DEUX ENFANTS

Il n'a senti le vent tourner.

Tout misé, tout perdu !

Incapable de s'adapter aux nouvelles valeurs !

LE FILS

Complètement lessivé, le vieux !

LA FILLE

Qui va l'embaucher ? L'inutilité d'une vie...

Personne n'a besoin de lui.

LE FILS

Il paraît que sa femme refuse de coucher avec lui !

LE PÈRE

Un spasme ardent avant la boîte de cendres, le trou dans la terre...

LA MÈRE

Tu ne te laves plus, tu ne te rases plus. Tu sens le rance !

LE PÈRE

Le vieux bouc a un cœur robuste et tout le reste en bon état de marche.

LA MÈRE

Si ton désir était d'ordre charnel, j'y répondrais !

LE PÈRE

Tu me veux comment ? Attaché à une chaise roulante par un de tes longs châles ? Brisé, complètement brisé ?

LA MÈRE

Tous les soirs je te chanterais une comptine...

LE PÈRE

Et tous les matins, tu changerais les draps du vieillard à la vessie incontinente. Le dimanche j'aurai peut-être droit à la visite de mes enfants gênés, pressés.

LA MÈRE

Tu te laisseras couler de plus en plus.

LE PÈRE

L'agonie de la pesanteur. Le pressentiment de mon éviction de la vie ! Mais j'ai encore envie de séduire...

LA MÈRE

Tu veux que je te donne la preuve que ta virilité n'a pas disparu ? Tu me demandes d'adoucir ton sentiment de culpabilité.

LE PÈRE

C'est la débandade des cerveaux, des cœurs et des plexus ! Demain, nous serons tous des vieillards libidineux et obscènes.

LA MÈRE

Tu en seras entièrement responsable !

LE PÈRE

Je croyais qu'il fallait au moins mourir pour être jugé.

LA MÈRE

Les tribunaux de la terre sont débordés. Nous sommes jugés sous toutes les bannières !

LE PÈRE

C'est la nuit. Ils m'ont laissé seul...

LA MÈRE

Stella, chère étoile... Je me souviens de ces nuits splendidement lointaines, ces nuits orientales où nous avions le sentiment de participer à la musique des anges, où nous avions des certitudes...

LE PÈRE

La porte grince... La porte s'ouvre et se rabat... Une cloche sonne de l'autre côté du monde... Pourquoi avons-nous peur de nos enfants ?

Deuxième tableau

FILS DE LA PÉNOMBRE, FILLE DES TÉNÈBRES

SCÈNE IV

LA FILLE

Je n'ai jamais voulu croire aux maisons hantées.

LE FILS

Celles où l'on entend marcher ou celles où l'on voit des formes tapies dans les coins les plus sombres ?

LA FILLE

Ni à celles où quelqu'un frappe aux vitres pendant la nuit. Ni à celles où les vieux esprits des lieux se lamentent de tous les regrets d'une vie perdue !

LE FILS

Il y en a qui disent que les vieilles maisons sont hantées par les lambeaux de ce qui a été. Mais je suis comme toi, je n'y crois pas. Je suis devenu quelqu'un d'incrédule et de méfiant.

LA FILLE

Regarde ! C'est la même porte avec ses panneaux de chêne. Son bois est doux, si doux...

LE FILS

C'est le toucher de nos mains qui l'a polie au cours d'une longue suite d'années.

LA FILLE

Comme elle a dû frémir devant des paroles que personne ne pourra plus reprendre. Jamais.

LE FILS

La Grande Porte ! La Grande Chose !

LA FILLE

Le dimanche, elle n'était jamais verrouillée...

LE FILS

Parce que le dimanche nous allions à la messe.

LA FILLE

Sans maman...

LE FILS

Mais avec papa.

LA FILLE

Maman n'allait plus à l'église. Elle avait perdu la foi. Mais elle n'avait pas perdu son amour de la musique. Le dimanche matin, maman allait au concert.

LE FILS

Papa nous accompagnait à l'église...

LA FILLE

Jusqu'à la porte seulement.

LE FILS

Il préférait rester dehors, sur le perron de l'église, à faire de la politique, à préparer le terrain...

LA FILLE

Dimanche après dimanche, essayant de donner le souffle de l'éternité, à cette chose de la terre : son pays !

LE FILS

À chacun son église, disait-il.

LA FILLE

J'ai tellement prié...

LE FILS

Même si souvent j'avais l'impression de ne comprendre ni Dieu, ni mon père, je priais.

LA FILLE

Dans mes prières je demandais qu'il n'y eût plus de chagrins et de cœurs brisés dans cette maison.

LE FILS

C'était comment déjà ?

LA FILLE

Comme ça ! On faisait une petite chapelle avec nos mains avant de prier pour papa et maman, les cousins et les cousines, les pauvres protestants égarés, les Juifs sans patrie, les petits Chinois et les petits Africains.

LE FILS

C'est toi qui priais le mieux.

LA FILLE

Parce que j'avais la voix la plus forte. Mais c'est toi qui étais le plus souvent exaucé.

LE FILS

On priait qui déjà ?

LA FILLE

Mais voyons ! La Sainte Vierge, notre Sainte Mère. C'est elle qui dirigeait tout ça.

LE FILS

Est-ce que tu priais pour moi ?

LA FILLE

Je priais pour toi. Je disais : c'est moi l'aînée. Je suis née au monde pour le protéger. Ne touchez jamais à celui qui est mon frère.

LE FILS

Je disais : ne touchez jamais à ma sœur. À mon Âme ! Et les cloches le répétaient, elles le sonnaient de tout leur métal.

LA FILLE

En ce temps-là tu avais du feu dans les yeux.

LE FILS

Et pourtant...

LA FILLE

Et pourtant ?

LE FILS

Déjà, j'avais peur de perdre la chaleur de mon cœur. De perdre le sentiment de mon propre poids et de rester à la surface des choses. Une certaine nuit de Noël, j'ai reçu comme un avertissement ! J'avais sept ans et j'étais debout à la fenêtre. La veille, papa avait accroché des lumières vives dans les sapins. Le reflet de leurs couleurs sur la neige si lumineuse, si lumineuse. Un tel sentiment de bonheur. Soudain j'ai senti que je n'étais plus seul... Que j'étais à l'unisson avec quelqu'un ou quelque chose qui m'appelait, là, dehors... Il aurait suffi d'ouvrir la fenêtre et de sauter dans la neige pour rejoindre cette chose qui chantait, qui vibrait... Dans la maison, papa a toussé. Une espèce de toux qui donnait raison à mon corps frileux. J'ai fermé les yeux et je me suis bouché les oreilles... J'avais honte de ma faiblesse. Puis quelqu'un m'a touché... C'était maman qui posait sa main sur ma tête... Elle était là, à côté de moi et en même temps, elle était partout dans la maison. Dehors, tout était silencieux. Pour toujours.

LA FILLE

La où je vis, dans les Andes, je pense souvent à elle. Je l'imagine dans la maison, en train de faire tout ce qu'elle sait faire...

LE FILS

À New York, quand je ferme le bar, que je mets mon dernier client ivre mort dans un taxi, c'est la barre du jour et alors je pense souvent à maman. J'aime imaginer qu'elle est chez moi, en train de m'attendre debout dans l'embrasure de la porte, comme quand j'avais seize ans.

SCÈNE V

LA MÈRE

Pourquoi rentres-tu si tard ?

LE FILS

Il est si tard que ça ? Je croyais que tu dormais, Man !

LA MÈRE

Si à ton âge tu rentres après onze heures, à quelle heure rentreras-tu quand tu auras vingt ans ?

LE FILS

Je te le dirai quand j'aurai vingt ans.

LA MÈRE

Je ne serai peut-être pas là !

LE FILS

Mais oui tu seras là. Où est-ce que tu seras ?

LA MÈRE

Je ne sais pas... Quelque part, en train d'entamer ma vieillesse, en train de faire un bilan provisoire. Je fais déjà des préparatifs... Mes petits préparatifs, comme dit ton père.

LE FILS

À quoi penses-tu ?

LA MÈRE

En vieillissant je pense de plus en plus souvent à ma mère. Je ne sais pas ce que je donnerais pour de nouveau rencontrer ses yeux, presser ses mains. Quand elle nous a quittés, après une longue maladie, la pensée avait depuis longtemps désertée sa tête. Mon Dieu, s'il fallait que ça m'arrive, à moi aussi !

LE FILS

Voyons Man ! Tu n'as pas le droit, personne n'a le droit d'appréhender un tel malheur !

LA MÈRE

Si la lumière des pensées quittait ma tête avant la fin de mes jours ? Si j'étais séparée de mes enfants bien avant...

LE FILS

Je donnerais tout au monde...

LA MÈRE

Pardonne-moi. Ce n'est pas bien pour une mère de penser à voix haute devant son fils qui rentre au milieu de la nuit. D'où viens-tu ? Tu es brûlant !

LE FILS

J'ai dansé toute la soirée avec la même fille.

LA MÈRE

Quand tu étais un tout jeune bébé, j'ai attendu le docteur toute la nuit, debout dans l'embrasure de la porte. Dans mes bras tu étais brûlant de fièvre et tu hurlais ! Moi j'étais à vif. Au petit matin, quand le docteur est arrivé, épuisé, il m'a regardée et il m'a dit : vous vivez seule ? Une belle jeune femme comme vous ? Si c'est pas dommage ! Je lui ai répondu : merde ! Merde ! Merde ! Ton père n'était pas là... Il avait les nerfs à vif lui aussi... Je parlais de divorce.

LE FILS

Toute la soirée avec la même fille. On dansait tellement près que je pouvais lire dans sa tête. C'est moi, c'est moi, c'est moi... Voilà ce qu'elle pensait. Je connais le cerveau des filles. Un cerveau ouvert au public !

LA MÈRE

Tu devrais avoir honte de parler des jeunes filles de cette façon.

LE FILS

Je suis un surdoué ! Comme papa !

LA MÈRE

Cesse ta petite danse de futé. Moi aussi, je le connais ton petit cerveau ! Voilà ce que nous allons faire : demain soir, nous irons ensemble au siège social de l'association des surdoués. Tu seras accueilli à bras ouverts, ton père est membre fondateur. Tu passeras l'examen d'entrée, mon fils. Je demanderai à ta belle danseuse de me tenir compagnie pendant que tu seras au bordel !

LE FILS

C'est vraiment pas la peine. De toute façon j'ai décidé de consacrer ma vie à l'étude de la pensée extrême-orientale. Toute substance, toute matière aura une fin. Étant des substances, le ciel et la terre finiront comme nous ; si toutefois l'on peut appeler fin ce qui n'est qu'un changement d'état. Yen-Tzeu, mon philosophe préféré, dit que ce sont les Anciens qui ont le mieux compris ce qu'est au juste la mort.

LA MÈRE

Ta sœur ne mange plus de viande. Elle s'intéresse à une algue particulière qui pousse le long de la côte de je ne sais plus quel pays, et qui peut nous vêtir, nous nourrir et faire de nous des centenaires !

LE FILS

À quoi bon puisque nous sommes immortels ! La mort c'est le retour ! On appelle les morts les retournés...

LA MÈRE

Et les vivants ? Les revenus ?

LE FILS

La mort, c'est le repos désiré par les bons et le repos redouté par les méchants.

LA MÈRE

De nos jours, les méchants comme les bons ne tiennent pas tellement à savoir qu'ils vont mourir. D'ailleurs on envie souvent ceux qui meurent sans savoir ce qui leur arrive. Une bonne petite crise cardiaque pendant ton sommeil et la pièce est finie.

LE FILS

Et la lucidité ? Le courage et la dignité ?

LA MÈRE

Je les ai déjà vus dans les parages mais je m'en suis éloignée à reculons. L'idée du néant, de la disparition totale de ce que je suis... Et puis ton Yen quelque chose...

LE FILS

Yen-Tzeu, Man !

LA MÈRE

Ton Yen-Tzeu peut-il soulager un petit bébé qui hurle avec quarante de fièvre, dans les bras d'une jeune mère seule dans la nuit pendant que son mari, dans les bras d'une autre femme, essaie d'oublier tout ce qui l'épouvante ?

LE FILS

Il dit que les hommes sont fous, égarés, qu'ils ne se rendent pas compte des grandes crises que traversent le ciel et la terre. Mais il ne parle pas des bébés et de leurs mères.

LA MÈRE

La jeunesse pense beaucoup. La jeunesse parle beaucoup même si nous essayons de lui refuser la parole. À ton âge, j'avais des intuitions fulgurantes, des convictions et je ne désirais qu'une chose : parler. Je jacassais tout le temps. Dans ma famille, on m'avait baptisée la pie. Mais ce n'était pas par mesquinerie. Ils se sont montrés très patients avec moi. Ma mère surtout. Tous les jours, je prenais de nouvelles résolutions.

LE FILS

Lesquelles ?

LA MÈRE

De transformer le monde, bien sûr... Et si nécessaire, de le sauver. J'aurais deux enfants, un garçon et une fille... Mais pas avant trente-cinq ans. Je ne voulais pas me faire lessiver par trop de maternité. Je voulais poursuivre ma carrière, mes recherches.

LE FILS

Écrire ton livre !

LA MÈRE

Ma bible sur les oiseaux des neiges.

LE FILS

Les histoires merveilleuses que tu nous racontais...

LA MÈRE

Ces oiseaux dont le vol déchiffré telle une page d'écriture, décidait du sort des empires...

LE FILS

Les hommes-oiseaux sur des poteries.

LA MÈRE

Ils fendaient de leurs ailes ouvertes l'ère nouvelle ! Ta sœur et toi, ça vous mettait en transe. Les histoires que je me suis racontées. Ce qu'autrefois je savais, je voulais, aujourd'hui je l'ai oublié. À vingt-quatre ans j'avais déjà deux enfants et trois fausses couches ! Voilà ce que les forces de la vie m'ont réclamé. Arraché !

SCÈNE VI

LE FILS

Chaque matin, ma mère se tenait dans la porte de la cuisine et elle disait :

LA MÈRE

Vous ne finissez jamais votre déjeuner. Vous allez vous rendre malades à force de sauter des repas, de vous mettre au lit à des heures impossibles.

LA FILLE

On sera tranquille dans la tombe !

LA MÈRE

J'ai la voix forte, ma fille.

LA FILLE

Un jour ma mère se tenait dans la porte de ma chambre pendant que j'écrivais un manifeste violent contre l'impérialisme américain. Après l'avoir lu elle a dit :

LA MÈRE

Un jour, nous saurons tout. Tout sera dit. Toutes les larmes seront essuyées, tous les dos brisés se redresseront. J'ai dit ça ? Moi ? Mais qui êtes-vous ? On dirait que vous vous effacez dans la lumière, que c'est seulement la nuit qui vous éclaire... Fils de la pénombre, fille des ténèbres... C'est affreux, je ne reconnais plus mes enfants. Depuis des jours et des jours c'est comme si le monde s'était dissocié : je vois une partie du monde qui est accessible à tous et que tous habitent. Je vois une autre partie du monde dont votre père et moi sommes les seuls visiteurs. C'est un monde plein de vieux chagrins, d'échecs et d'amertume. Parfois, des mots trop légers nous viennent aux lèvres pour exprimer cette angoisse. Des mots que je ne peux plus entendre. Quand votre père les prononce, je me moque de lui. Pire : je le réprimande comme s'il était un enfant.

LA FILLE

Papa a toujours été impossible à satisfaire.

LA MÈRE

C'est le meilleur des hommes !

LA FILLE

Confortablement installé dans le confort nord-américain. Ah ! La beauté du commerce. Export-Import le supermarché des valeurs. L'ordure sociale mais du jus d'orange frais au petit déjeuner !

LA MÈRE

C'est vrai, nous avons vécu dans l'abondance matérielle de nos biens.

LA FILLE

Pourrie jusqu'à l'os !

LE FILS

Mais tout de même vivant. (*Il s'éloigne...*)

LA FILLE

Où vas-tu ?

LE FILS

Le jardin est le même. Les fleurs de maman se répandent sur l'incomparable velours des herbes. Partout vivent ces choses magiques qui ne se laissent jamais voir, jamais capturer.

LA FILLE

Il y a dans cette maison une présence plus réelle que celle des êtres humains...

LA MÈRE

Il y a un état d'âme, ma fille.

LA FILLE

C'est bien toi : ce mélange d'eau de fonte et d'eau de pluie boueuse...

LA MÈRE

Je te serais reconnaissante de ne pas faire l'inventaire de ta mère.

LA FILLE

En vieillissant, je te ressemble de plus en plus. La facilité avec laquelle je me réunis à toi...

LA MÈRE

Ça coupe le souffle, hein !

LA FILLE

Oui. Mais ça me donne aussi un sentiment de reconnaissance.

LA MÈRE

Tu es belle, tu sais. Ta beauté me surprend toujours. Tu as les traits fermes et lisses de ma mère. Mais je ne connaissais pas ce sourire si doux... Comme si tu avais dépassé quelque chose... Comme si tu avais parcouru un long chemin et en avais ramené une grande indulgence.

LA FILLE

Je vieillis, maman. Les forces du temps qui passe me rattrapent !

LA MÈRE

Je me souviens d'une petite fille qui disait : j'ai tout mon temps. Mon temps m'appartient.

LA FILLE

La plénitude de chaque instant me laissait croire que le temps s'arrêtait, qu'il était à mon service. Mais qu'est-ce donc le temps ?

LA MÈRE

L'arrachement même ! L'amitié avec lui ne donne aucun pouvoir. Si ton père m'entendait !

LA FILLE

Mon frère m'a fait lire la lettre de papa. Son écriture ressemblait à celle d'un vieil homme plein d'incohérences.

LA MÈRE

La santé mentale de ton père est excellente. Quand il a écrit cette lettre, il était ivre mort. Encore un verre ? Oui, encore un, un autre, un autre. Nous les « vieilles générations », nous ne fumons pas d'herbes, nous n'avalons pas de pilules au LSD et nous ne reniflons pas de cocaïne. Nous buvons. La vraie décadence ! Ton père devient éloquent au deuxième verre, insinuant au quatrième, rapide comme l'éclair au sixième. J'aime être l'objet de ses désirs. Bonne nuit. Fais de beaux rêves !

LA FILLE

Quand tout cela a-t-il commencé ?

LA MÈRE

Attention. Les questions sont des promeneuses solitaires. À chaque tournant d'âge, elles se matérialisent subitement. Avec un esprit reconnaissant, je vous salue très bas, chères apparitions.

LE FILS

Toutes les questions sont creuses.

LA FILLE

Tu n'as jamais voulu admettre que tu étais triste, maman.

LA MÈRE

Vous n'avez jamais pensé que vous pouviez avoir tort !

LA FILLE

Où est papa ?

LE FILS

Le roi soleil cuve son vin ?

LA MÈRE

Dans la salle de bain. Il se fait beau, il veut vous séduire.

Troisième tableau

CONSTELLATION DU LION

SCÈNE VII

LE PÈRE

Qui sont ces gens ?

LA MÈRE

Tu ne reconnais plus nos enfants ? La preuve vivante de notre amitié avec le monde !

LE PÈRE

Voyons ! Comment un père pourrait-il ne pas reconnaître ses enfants ?

LE FILS

Quand un père est troublé et qu'il n'est plus maître de tout...

LA FILLE

Quand les pères font des heures supplémentaires qui ravagent leur estomac...

LA MÈRE

Quand leur rétine n'est plus en bon état...

LE PÈRE

Ça suffit ! Ma rétine est en bon état et si j'ai perdu bien des choses, je n'ai pas perdu le souvenir de mes enfants. La preuve ? Je me souviens avec précision de la première fois que j'ai porté ma fille dans mes bras : je la dévorais des yeux et j'ai pensé que, de toute évidence, cette enfant, mon enfant, était la chose la plus merveilleuse que j'eusse jamais aperçue sous le soleil !

LA FILLE

La première fois que j'ai été dans tes bras, j'ai pensé : mais qui est donc ce grand animal à crinière qui se penche sur moi ? Il va me dévorer ! Ta présence avait sur moi un effet prodigieux. Une présence qui me remplissait d'un trouble tantôt apaisant, tantôt inquiétant. J'imagine que c'était la peur de l'infiniment grand.

LE PÈRE

Tes petites mains, ton petit ventre, tes petites fesses rebondies. Souvent j'ai pensé : un jour elle sera tout le bonheur ou tout le malheur de ma vie. C'était, j'imagine, la peur de l'infiniment petit.

LA MÈRE

Cette longue, longue nuit d'hiver... Les pins jetaient de grandes ombres sur la neige. Il gelait à pierre fendre et pourtant nous n'étions qu'en novembre... La lune était pleine et je l'ai implorée : tranforme-moi en fumée. En brume errante. Aide-moi à m'évader, prête-moi une échelle ou des ailes !

LE PÈRE

Je me sentais impuissant et misérable. Personne ne m'avait appris à gérer un accouchement !

LA MÈRE

Lentement les lumières baissèrent.

LE PÈRE

À chaque fois que tu criais, c'était comme si tu avais crié dans mon propre corps.

LA MÈRE

J'avais tout à fait perdu contact avec toi. Je traînais mon gros ventre. De temps en temps, pour me reposer, je l'appuyais le long d'un mur. Mon Dieu que ce mur était haut et froid ! Plus tard, j'ai marché dans une rue sombre que je ne connaissais pas... Et pourtant, elle m'était étrangement familière. Une rue avec des maisons à peine éclairées, des maisons si tristes... Au bout de la rue je me suis arrêtée devant une maison encore plus délabrée et plus triste que les autres. Au-dessus de la porte, une inscription à moitié effacée par le temps : maison d'accouchement ! Ça sentait le chloroforme, le sang et la misère humaine. Sur une plaque, à côté de l'entrée, quelqu'un avait inscrit les prix. Ce n'était vraiment pas cher pour être délivrée !

LA FILLE

Nous avons tous survécu.

LE FILS

J'avais très peur de venir au monde. J'essayais de couvrir mes paupières de mes mains. Je ne me souviens plus du premier visage que j'ai vu...

LA MÈRE

C'est le mien !

LE PÈRE

Voilà une affirmation lamentable.

LA MÈRE

C'est le mien, n'est-ce pas ?

LE FILS

Moi, vous savez, je n'ai pas la mémoire des visages.

LA FILLE

Dans mon souvenir, je vous ai rencontrés en même temps. Vous étiez la seule et même chose : la Terre !

LE PÈRE

La lune et le soleil. Oh ! Pardon : le lune et la soleil !

LA FILLE

Quel sens de l'humour...

LE PÈRE

Pour ta mère je suis un perpétuel divertissement. Je peux la faire plier de rire. Je pêche mes meilleures plaisanteries dans l'air féministe que je respire.

LA FILLE

Oh, mon cher père, pourquoi es-tu si mélodramatique ?

LE PÈRE

Ton visage a encore les courbes de l'enfance. Ta peau est duvetée.

LA FILLE

C'est une simple question de biologie. Des fruits, des légumes...

LE PÈRE

La douce chaleur du bonheur. L'avenir alors s'annonçait meilleur. Longue vie ! Force et santé. Les multivitamines n'ont rien à voir avec ça ! Ni le grand air des Andes, ni la gymnastique. Ah, comme les femmes savent être heureuses. Entre le ciel et les ténèbres, si terrestrement heureuses. Comment faites-vous pour être de ce monde-ci ? Nous, les hommes, nous ne faisons pas le poids en face de la petite fourmi des foyers. Mais vous, les femmes, vous êtes familières à tout ce qui est au cœur du monde.

LA FILLE

De quoi te plains-tu ? Les hommes démarrent tous au sommet.

LE PÈRE

Quelques-uns. Les autres grimpent à la sueur de leur front.

LA FILLE

Dans son halo brumeux, la vérité pure et simple de papa. Vieillir n'arrange rien, hélas !

LE PÈRE

Vieillir... Les femmes savent vieillir... Elles sont de plus en plus belles et terrifiantes, grâce à la filouterie des pensions alimentaires. Les plus futées vieillissent dans la sainteté, en martyr des hommes.

LA MÈRE

Des fards, des crèmes, des prothèses, pataugeage d'organes, épandage de poudre aux yeux, mais tout le monde meurt en criant maman !

LE FILS

Les charognards sont à l'affût au-dessus des marais noirs, affamés !

LA FILLE

Mais il y a une substance qu'ils ne pourront jamais dévorer : la substance du dedans...

LA MÈRE

Aussi belle que la pluie qui tombe sur la Terre au printemps.

LA FILLE

Je suis une enfant. Je m'éveille toute tremblante dans le rose tendre de l'aurore.

LE FILS

Rose, ainsi que les bougies d'anniversaire sur nos gâteaux. Rose comme la barbe à papa !

SCÈNE VIII

LA FILLE

La vie est un songe, mon père est un fantôme. Il a ses heures d'apparition.

LE FILS

Il apparaît pour passer sa leçon aux jeunes générations.

LE PÈRE

Autrefois, il y a longtemps, les enfants et les parents n'étaient pas des étrangers, les uns pour les autres.

LA FILLE

Le « bon vieux temps » plane dans l'air. C'est de la bouillie pour les chats, du pâté pour les singes, le bon vieux temps !

LE FILS

Il prend la forme qu'on veut bien lui donner. C'est un gaz mortel, il se diffuse, il se dilate.

LE PÈRE

Au moins, les anciennes générations ne gaspillaient pas leur salive à parler du social. Elles ne hurlaient pas : donnez-nous du social ! Nous exigeons des réformes sociales ! Les anciennes générations n'auraient jamais répondu, aux plus démunis, aux plus pauvres : nos bonnes œuvres sociales s'occuperont de tout ça ! Calmez-vous, monsieur, madame... Surtout pas trop d'émotions ! Ça fatigue le cœur, ça met en danger nos petites natures surmenées par le confort et le cholestérol. Reposez en paix, le social s'occupe de tout. Il prend en charge les larmes des enfants, les états dépressifs des parents. Il ramasse en tas toutes les douleurs, les terreurs et leurs incurables. À la fin des temps, le social publiera un compte rendu exhaustif de ces morts singulières. Si vous criez tant après le social, c'est que vous ne ressentez plus rien, absolument rien, les uns pour les autres.

LA FILLE

C'est un point de vue, mais ce n'est pas le mien.

LE PÈRE

Ah, le point de vue ! Il se porte bien, celui-là. Tous les jours, vos espions du point de vue nous agressent en pleine rue. Monsieur, nous voulons connaître votre point de vue sur... Mais qu'est-ce que ça peut bien vous foutre, mon point de vue ? Mais voyons, monsieur, tout le monde a un point de vue ! Mais moi, monsieur, je n'ai rien à vous dire. Et je vais vous dire pourquoi je n'ai rien à vous dire :

parce que tout le monde a son point de vue et que de toute façon, personne n'écoute personne. Nous sommes entrés dans l'ère glaciaire du social, du point de vue figé dans sa croûte de glace.

LA FILLE

La glace est mince.

LE PÈRE

Alors pourquoi ne se brise-t-elle pas ? Vous n'aimez pas mon point de vue ?

LE FILS

J'ai essayé de voir le monde avec tes yeux.

LE PÈRE

Du bout des lèvres, sur la pointe des pieds... Car s'il fallait que la glace se brise !

LA FILLE

Il a essayé de toutes ses forces, je le sais.

LE PÈRE

Je ne te crois pas.

LA FILLE

Écoute-nous !

LE PÈRE

Parlez-moi !

LE FILS

Autrefois, quand tu me serrais très fort dans tes bras, j'entendais battre ton cœur. Je t'embrassais, tu m'embrassais... Ça me traversait en entier, de la tête aux pieds. Pa, tu existais comme aucun personnage d'imagination n'a jamais existé.

LE PÈRE

C'est vrai. J'entendais la pulsion de ton sang et du mien.

LE FILS

La musique enchantée des vivants. Et des pensées pleines de cœur me venaient à l'esprit, à propos de toi, de maman, de ma sœur.

LA FILLE

Autrefois, quand je m'approchais de toi, mon cœur était chaleureux. Papa, papa, c'est vrai que l'amour c'est pour tout le monde, l'amour ? Quand on a fini de parler, est-ce que les mots restent autour de nous, les mots ? Si tu ouvres la grande porte, les mots vont-ils s'en aller sur les étoiles, les mots ? Papa ! J'ai vu mon ange gardien, je l'ai vu jaillir d'une photo au mur, la photographie de grand-papa. As-tu un ange gardien, papa ?

LE PÈRE

Je craignais leurs questions...

LA MÈRE

Comme ils craignaient nos réponses.

LA FILLE

Parce que vos réponses étaient logiques, matérialistes. Des phrases creuses...

LE FILS

Des phrases coulées dans le moule du vide.

LE PÈRE

La prunelle de mes yeux tend ses petits bras vers moi. Je suis leur astre... Mais bientôt je ne serai qu'une planète destituée. Qui est ce petit garçon avec ses dons de sentir et de percevoir tellement plus vastes que les miens. Et cette petite fille qui veut éprouver l'invisible à chaque instant de sa vie.

LE FILS

Crois-tu qu'on faisait exprès ?

LE PÈRE

Vos questions, vos maudites questions !

LE FILS

Ne te fâche pas !

LE PÈRE

Je voulais qu'on m'interroge sur des choses simples, ce genre de choses qui, façonnées d'une génération à l'autre, vivent tout naturellement dans nos souvenirs. Mais non ! L'amour, les anges gardiens, les mots et les étoiles...

LA MÈRE

Tout ce qui rend un père muet et tremblant. Tout ce qui nous rappelle que nos forces déclinent et que de jour en jour nous devenons de plus en plus vieux et périssables.

LE PÈRE

Mes enfants sont des énigmes, des mystères. Mon face à face avec le néant !

LA MÈRE

Non ! Ils sont cette indicible nostalgie, ce besoin de naître et d'engendrer et de le crier, de la chanter en traversant l'espace et le temps de la terre.

LE PÈRE

J'entends des mots terribles se prononcer à l'intérieur de moi. Des mots...

LA FILLE

Je les entends jusque dans mes glandes, ces mots terribles. Je les ai longtemps portés comme une femme porte un enfant. Mais maintenant, rien n'est plus pareil. Pour moi, la réalité des échanges humains a changé.

LE PÈRE

Rien n'a changé. Tu es la même !

LA MÈRE

Tu ne comprends donc pas ? Elle est enceinte.

LA FILLE

Maman j'ai peur !

Quatrième tableau

LE SANG EST LE PLUS BEAU THÉÂTRE

SCÈNE IX

LA MÈRE

Tout ira bien, tu verras.

LE PÈRE

Tu ne voulais pas d'enfant. Tu n'en voulais pas !

LA FILLE

Tu as mal entendu.

LE PÈRE

Je ne veux pas vouer ma vie à ces rapports-là, disais-tu.

LA FILLE

Tu as mal entendu, papa.

LE PÈRE

Je prête l'oreille et je t'entends encore.

LA FILLE

Ce que tu entends, c'est le bruit de ton cheval de bataille !

LE FILS

Quelqu'un appelle...

LE PÈRE

Dis-lui de se tenir à l'écart !

LA MÈRE

Qui est-ce ?

LE PÈRE

Dis-lui d'attendre.

LE FILS

Il ne m'écoute pas. Il se rapproche.

LE PÈRE

Retiens-le !

LA MÈRE

Fais ce que ton père te dit !

LE FILS

Trop tard ! Il est déjà là, entouré de nuages gris perle, comme à la tombée de la nuit.

LA MÈRE

Ton père ne veut pas le voir.

LA FILLE

On dirait grand-papa avec son vieux regard.

SCÈNE X

LE FILS

(Le fils devient le père, le père devient le fils)

Je m'ennuie de toi, fiston. À chaque heure qui sonne, je pense à toi.

LE PÈRE

Pa, Pa, tu es devenu tout petit. Si petit ! Un homme n'a pas le droit de devenir si petit !

LE FILS

C'est mieux comme ça, je t'assure.

LE PÈRE

Pourquoi es-tu devenu si petit, Pa ?

LE FILS

Passer de la vie à la mort n'est pas une chose aisée, fiston. En réduisant tout, c'est plus facile.

LE PÈRE

Vous, les morts, on dirait que vous avez toujours le dernier mot.

LE FILS

C'est pas le temps de nous dénigrer.

LE PÈRE

Et Man ?

LE FILS

Man ? Où veux-tu qu'elle soit ? Elle est dans son jardin de pivoines. Tu sais, fiston, ta mère ne m'aime plus comme je voudrais qu'elle m'aime. On a souvent des mots ! Elle dit qu'elle m'offre enfin un amour vrai. Ah, les femmes. Je ne suis pas comme toi, fiston. Je n'ai jamais rien compris aux femelles !

LE PÈRE

Pa... Je ne peux plus regarder une photo de toi sans avoir le cœur serré.

LE FILS

Pourquoi ?

LE PÈRE

À cause de mes regrets à ton endroit.

LE FILS

Je ne me souviens plus et pourtant tout est souvenir.

LE PÈRE

Je sais ce que tu penses de moi, Pa.

LE FILS

Tu as été un bon fils. Oui, un bon fils !

LE PÈRE

Ma froideur, ma dureté avec toi.

LE FILS

Un jeune homme plein de fougue et de curiosité !

LE PÈRE

Sors de tes rêves. Regarde en face la dure vérité : je n'ai jamais manifesté une attention vraie pour toi.

LE FILS

De brillantes études, un beau mariage, un séjour dans les Europes et des femelles plein les bras !

LE PÈRE

Mon désir d'une carrière, un désir tellement pressant qu'il passait avant la vie, avant l'amour de mon père.

LE FILS

C'est ça la jeunesse ! La force de la jeunesse. On est toujours dans le feu de l'action à brûler la chandelle par les deux bouts.

LE PÈRE

J'avançais tellement vite.

LE FILS

Un étalon en plein galop. Fallait bien que la route soit libre.

LE PÈRE

J'aurais écrasé n'importe qui !

LE FILS

Écrasé, écrasé... C'était dans le feu de l'action, dans la Force de midi !

LE PÈRE

Mais on a des devoirs envers les autres.

LE FILS

Vive la ruade en avant ! Vive l'énergie ! Tu étais un fonceur, et si tu avais des devoirs, c'était vis-à-vis l'efficacité de l'action.

LE PÈRE

L'instinct du pionnier ? Ou l'instinct du tueur ?

LE FILS

L'instinct d'organisation du colon, de l'habitant, fiston. Les forces de la tradition.

LE PÈRE

Tant de souffrances ont été refoulées jusqu'au tréfonds de nous-mêmes.

LE FILS

On ne peut pas passer sa vie à rafistoler le cœur d'autrui, à panser les petites blessures d'amour-propre. Ou alors...

LE PÈRE

Ou alors ?

LE FILS

Tu t'interdis l'action. Tu régresses !

LE PÈRE

Action, objet de ma fidélité inconditionnelle !

LE FILS

Si on s'encombre des autres, on ne fait rien.

LE PÈRE

Tes phrases sont des cadavres.

LE FILS

Je ne voulais pas t'irriter. Tu me connais... Je ne suis qu'une vieille momie.

LE PÈRE

À la fin de ta vie, je t'ai vu réduire peu à peu tes appétits, tes espoirs, tes échanges avec moi et avec les autres.

LE FILS

La fatigue... L'usure lente, fiston.

LE PÈRE

Les timidités déchirantes des vieillards, la crainte d'être rebuté, rejeté...

LE FILS

Ce vide nauséeux vers lequel je marchais...

LE PÈRE

Au bras de la bonne fée Anorexie !

LE FILS

Sans vouloir te contredire, c'est pas le bras c'est la main. La bonne fée insiste pour te prendre par la main. Quelle salope ! Elle sait bien qu'à notre âge, on a les mains tellement froides que c'en est gênant ! C'était par une lugubre journée... Une de ces journées avec son ciel bas et sombre, oui, c'est par une de ces journées que mon absence d'avenir m'a sauté à la gorge. Alors je me suis dit : pépère, il serait temps que tu portes des gants ! Même si tu sais que la vie et les gants ça ne marche pas forcément main dans la main, pépère, tu n'as pas le droit d'exposer à la vue de ton fils des mains qui tiennent du gris sale et du rouge étranglé. Des mains de viande morte ! Fiston, il y en a qui écoutent la radio, qui regardent la télévision et d'autres qui écrivent des poèmes. Mais personne ne fait rien à propos des mains de viande morte des vieux. Tu sais pourquoi ? Parce que tout le monde a compris que la situation est désespérée. Je veux dire en ce qui concerne les mains froides des vieux. Devant ça, nous sommes tous sans défense. Fiston, avec ta permission, je vais poursuivre ma route afin de rejoindre l'obscure destination qu'on m'a fixée.

LE PÈRE

Reste encore un peu.

LE FILS

J'ai assez pris de ton temps. Et puis, je n'ai plus rien à dire.

LE PÈRE

Y fait froid, hein Pa ?

LE FILS

Je n'ai jamais douté de ton affection.

LE PÈRE

Tu vois quelque chose ?

LE FILS

Non. Il n'y a pas d'horizon. Rien qu'un grand vague tout blanc. Mais je pense... Oui, c'est le vingt et unième siècle, là-bas, au milieu de rien. Au milieu de rien mais aussi beau, aussi froid et clair qu'une dernière neige, le vingt et unième siècle. Adieu fiston...

LE PÈRE

Au revoir, Pa ! Au revoir !

SCÈNE XI

LA FILLE

C'est un loup. Il marche vers la lune.

LA MÈRE

Pas à pas, il a déjà parcouru la moitié de la distance.

LE PÈRE

Notre fille est enceinte ? Qui est le père ?

LA FILLE

Le père est mort. La mère aussi.

LE PÈRE

Qu'est-ce que tout ça signifie ? Encore une de tes histoires pas très catholiques !

LA MÈRE

Elle porte l'enfant d'une autre.

LE PÈRE

Quoi ? C'est impossible... Impossible...

LA MÈRE

Combien de semaines ?

LA FILLE

Huit semaines.

LA MÈRE

Il va falloir que tu manges de la viande, ma fille. Adieu les algues et les graines pour les oiseaux.

LA FILLE

C'est une histoire d'amour.

LE PÈRE

Les parents sont morts ? Et tu veux donner mon nom à ... ça !

LA FILLE

Ça, comme tu dis, est en train d'assimiler mon sang. Ça, s'enfonce dans ma chair, dans mes glandes, dans mes profondeurs, dans mon âme même !

LE PÈRE

Ça est une aberration. Un scandale !

LA FILLE

Tu m'as toujours voulu pure comme une poupée ! Mais j'ai fait sauter le couvercle de la marmite, papa ! J'ai quitté tous mes vêtements. Je suis nue, papa. Je suis dans l'amour. Dans la confiance.

Je suis tombée amoureuse douze fois avant de les rencontrer. À chaque fois, je tombais amoureuse d'un homme qui ne voulait pas d'enfant. Du moins pas dans l'immédiat... Plus tard, beaucoup plus tard... peut-être... Si tout allait bien... S'il n'y avait pas la moindre menace de guerre sur la terre... Le nucléaire avec celui-ci ! Le socialisme d'abord, avec celui-là. Le freudisme avec le dernier... J'étais sur le point de devenir une pilleuse de berceau. Quand j'ai commencé à vivre et à travailler là-bas, très vite, ils sont devenus mes amis les plus près. Il pilotait un petit avion qui traversait les Andes deux fois par mois avec des médicaments et tous ces dons de charité de l'autre Amérique. Elle était médecin, comme moi, inspirée, généreuse, et stérile. Je voyais en eux de véritables anges gardiens dont la protection et le soutien m'étaient à jamais assurés. Après nos longues journées de travail, nous aimions nous retrouver autour d'un feu de camp. Soir après soir, ils me racontaient cet enfant dont ils rêvaient depuis tant et tant d'années. Un enfant qui serait un révolutionnaire ! Une enfant qui viendrait parmi nous embellir le monde et le rendre de plus en plus juste et habitable. Dans la nuit des montagnes si près des étoiles, la présence de cet enfant devenait presque palpable. Je le voyais faire ses premiers pas sur la terre... Elle avançait vers nous en riant et je voyais nos bras ouverts. Une nuit, touchée par je ne sais quel rayon, j'ai crié à mes amis : je veux porter cet enfant pour vous. Je veux le rêver avec vous. Je savais que je vivais un des instants les plus significatifs de ma vie. Nous avons fait le nécessaire. Je suis devenue enceinte et nous étions tous tellement heureux. Peu de temps avant le solstice d'hiver, ils sont partis vers l'autre Amérique, ramasser une cargaison de vêtements, de jouets. Un aller-retour ont-ils dit en me serrant dans leurs bras. Après leur départ, dans les Andes, le temps est devenu bizarre. On aurait dit que les pierres allaient éclater de froid. Un vent glacial soufflait à travers les montagnes comme dans un long tunnel de lamentations. La neige descendait sur moi et l'appréhension, l'angoisse venaient à ma rencontre du fond de la terre, chargées d'un message que je refusais d'entendre : quelque part, dans les montagnes, le moteur du petit avion avait fait faillite. Mes amis les plus près naviguaient dans un autre hémisphère dont ils ne reviendraient jamais.

SCÈNE XII

LA FILLE

C'est alors que j'ai reçu la lettre de mon petit frère...

LE FILS

Ton retour est une bénédiction.

LA MÈRE

Ce vide terrible après ton départ.

LA FILLE

Si je t'avais dit : je m'en vais à Bayreuth, entendre un opéra de Wagner, à Amsterdam, visiter une exposition de Van Gogh ou à la Martinique me réchauffer la peau... Mais non, j'ai avoué que je m'en allais travailler chez des gens qui ont des attelages d'ânes et vivent dans des maisons basses, sur des planchers de terre où ils crèvent tous avant quarante ans. Je n'ai rien fait pour vous plaire.

LE FILS

Ce que tu as fait, tu l'as fait pour te contenter toi-même.

LA FILLE

Je suis allée demander ma pensée et mon identité à de vieilles pierres.

LE PÈRE

Pourquoi es-tu partie si loin ? Je veux entendre la véritable raison de ton départ.

LA MÈRE

Un jour nos enfants nous ont dit, tout fiers : adieu, au revoir, je m'élance sur des chemins qui ne vous regardent pas.

LE PÈRE

Pourquoi ?

LA FILLE

Je ne pouvais plus grandir dans ce pays.

LE PÈRE

Ce pays si beau, si vaste. Le berceau de la démocratie. Un pays où tout est possible.

LA FILLE

Il est construit sur le crédit et le commerce, sur les spéculations, la consommation. Ce pays si matérialiste et crépusculaire !

LE PÈRE

Je sais bien qu'à tes yeux je suis dépassé... Démodé, dirais-tu. Mais moi, je suis resté attaché au sens du souvenir. Oui, profondément attaché à ceux qui l'ont fait et qui l'ont défendu ce pays. Un pays ça ne se fait pas uniquement par la force des bras. Ça se fait et ça se défend par la force des idées. J'ai gardé en moi le pouvoir des anciens.

LA FILLE

Tu crois vraiment que c'est éternel un pays ?

LE PÈRE

J'en réponds au nom de ma collectivité. Ce que nous avons fait, nous l'avons fait pour les siècles à venir. Nous avons atteint notre but : donner une seule âme à ce pays. Une âme, une identité qui va se perpétuer à travers des centaines et des centaines de générations.

LA FILLE

Cette foi naïve est presque admirable ! Alors que dans les faits, tu n'as aucun pouvoir sur ce pays. Aucun ! AUCUN !

LE PÈRE

La voix piaillante des femmes ! Cette vibration pointue et insupportable.

LA FILLE

Le ton prétentieux des hommes, leur air suffisant et supérieur.

LE PÈRE

Elles n'écoutent personne, elles monologuent. Gare à vos tympans !

LA FILLE

Les empereurs du statu quo. Prêts à faire n'importe quoi pour conserver le pouvoir... Des compromis abjects, des marchés de dupe ! Un jour, ton pays sera obligé de changer ses frontières. Mon enfant et moi, nous ne voulons pas vivre dans le souvenir de ce qui a été jadis suffisant et rassurant. Il y a impulsion nouvelle sur la terre.

LE PÈRE

Une impulsion de destruction. Car ce que tu vises c'est la destruction de ton père, de ses valeurs et de son pays.

LA FILLE

Ton pays ? Mais il est entre les mains des amuseurs publics. Des amuseurs que vous avez décorés du faux nom d'artiste. Ils vous poussent aux concessions les plus basses et vous, vous les couvrez d'honneurs. Sur la terre, je pense qu'on n'a jamais tant ri que dans ce pays de déprimés chroniques !

LE PÈRE

Déprimé ? Je ne suis pas déprimé. Dis-le-lui !

LA MÈRE

Ton père est un peu fatigué.

LA FILLE

Bien sûr. Fatigué de communiquer avec sa fille.

LE PÈRE

Ce que tu veux me communiquer c'est ton idéal sans compromis, ton intransigeance. Déjà avant ta fuite, pardon, ton départ, tu me reprochais ma soi-disant mentalité de propriétaire parce que, parfois, il m'arrivait de dire : Ma femme, Mes enfants, Ma famille. Tu ne pouvais pas comprendre qu'un homme, n'importe quel homme dit ces choses-là parce qu'il se sent souvent comme un intrus dans sa maison.

LE FILS

Du côté du sens des mesures, on a toujours été un peu extravagant dans cette famille.

LE PÈRE

Une fille qui s'en va faire sa vie là où personne ne veut habiter et qui en revient en mère porteuse. Un fils, lui aussi bardé de diplômes, qui choisit de gagner sa vie dans un bar louche à New York.

LE FILS

Louche ? Tu n'y as jamais mis les pieds. Évidemment, tu sais de quoi tu parles !

LA FILLE

Il y a quelque chose de contaminé entre nous.

LE PÈRE

On donne le meilleur de soi-même à ses enfants et un jour, un jour ils vous quittent sans un mot d'adieu.

LA FILLE

Un mot d'adieu ? Tu as crié : va-t'en !

LA MÈRE

J'ai crié : reviens !

LA FILLE

Va-t'en ! Reviens !

LA MÈRE

Les parents sont ainsi. Parfois, ils sont aussi fragiles que l'enfant qui vient tout juste de se réveiller d'un mauvais rêve et essaye d'en parler même si les images lui sont si présentes qu'il ne sait dire ce qui est réel et ce qui ne l'est pas.

LA FILLE

Fragile, papa ?

LA MÈRE

Le plus fragile d'entre nous. Un jour tu as pris le visage de ta fille entre tes mains. Son petit visage débordant de larmes...

LE PÈRE

Elle n'avait que dix ans et pourtant elle m'échappait. J'étais devenu un étranger qui ne comprenait plus les questions de sa fille. J'écoutais... Et j'entendais autre chose... Un bruit... Le bruit le plus profond du monde... Le bruit du sang avec ses pensées de nuit.

LA FILLE

Mon père : une fenêtre ouverte sur le monde. Ces routes où je voulais m'élancer, m'aventurer, mon père venait toujours d'y passer. Les miroirs tremblaient encore de lui.

LE PÈRE

Les larmes de ma petite fille traînaient à travers moi, si familières...

LA FILLE

Sous le ciel bleu des Andes, ce bleu parfois si écrasant, je les ai vues planer dans l'air, les questions. Pour leur échapper, vous ouvrez une porte, vous entrez quelque part... Mais elles sont déjà là à vous attendre, à vous serrer le ventre !

---

1. Stéphane Mallarmé, *Poésies*.

LA MÈRE

C'est parce qu'il y a des questions, que tout est ouvert. S'il n'y avait que des réponses, tout serait fermé. Nos enfants sont des questions que nous posons au monde. Un jour, il y a longtemps, j'ai vu apparaître une réponse. Tu tenais le visage de ta fille entre tes mains...

LE PÈRE

Muet. Paralysé par la peur. Écrasé par mon incompétence...

LA MÈRE

J'ai d'abord regardé ton petit visage débordant de larmes... Puis j'ai regardé le visage de ton père... Son visage absorbait toute ta douleur.

LA FILLE

Un jour, moi aussi, je tiendrai le visage de mon enfant entre mes mains, avec des vagues dans le cœur.

LE PÈRE

Il t'échappera ! Il se détournera de toi ! Il ira vers des étrangers qui ne le comprennent pas.

LA FILLE

Non ! J'apprendrai une autre langue pour répondre à ses questions.

LE PÈRE

La langue que je sais raconte l'effort pénible des hommes et l'étrange absence du beau et du vrai parmi nous.

LA FILLE

Quand tu m'apprenais à parler, j'entendais, à l'intérieur de moi, une autre langue. Elle était tellement belle cette langue. Belle de toute son endurance, de sa lointaine expérience. Quand mon enfant naîtra, je veux qu'elle se penche avec moi pour l'accueillir sur la terre.

LE PÈRE

Ton enfant entendra aussi les autres mots, ceux qui s'engouffrent par cette maudite fissure entre ce qui est père et mère en nous et ce qui est animal et prédateur. Les mots honteux... Les mots de la misère humaine.

LE FILS

Et c'est toujours ainsi : les enfants interrogent en pleurant et les parents se résignent et se taisent.

Cinquième tableau

DEMANDE DE TRAVAIL SUR LES NÉBULEUSES

SCÈNE XIII

LE FILS

Pa, pourquoi as-tu cessé de m'aimer ?

LE PÈRE

Tu es fou ! Je n'ai jamais cessé de t'aimer. Si tu savais toutes les mises en scène que je me suis faites à propos de toi et moi, fiston. Par exemple, je nous imaginais en pyjamas en train de faire une petite rafle dans le réfrigérateur...

LE FILS

Juste toi et moi ?

LE PÈRE

Juste nous deux pour un petit souper de nuit. Pieds nus, je suis descendu en cachette de ta mère et toi... Tu comprends ?

LE FILS

Non, je ne comprends pas.

LA MÈRE

C'est pourtant simple : il t'invite à devenir membre à part entière du club des grands baiseurs. L'effort que vous avez fait pour bien « baiser » vos partenaires vous a creusé l'appétit. Alors, vous êtes descendus pieds nus pour ne pas réveiller vos compagnes qui dorment là-haut...

LE PÈRE

Ne l'écoute pas !

LA MÈRE

Vous êtes dans la cuisine en train de dévorer un sandwich à la viande avec un petit sourire vainqueur et satisfait... Un petit sourire discret pour montrer que malgré tout, on est un homme qui a des manières. Un gentleman !

LE PÈRE

Tu en fais quelque chose de grivois. On dirait que tu parles de deux enfants qui font une sale farce nocturne.

LA MÈRE

Il y a pourtant une question qui vous trotte dans la tête... Une question que vous n'osez pas partager parce qu'elle ne se partage pas à voix haute : ai-je été à la hauteur ? À la hauteur, comme si tout se faisait dans l'inégalité. Comme si un tribunal de juges femelles assistait à l'émission de sperme, à l'acte sans amour, sans poésie, purement physiologique. Ce clin d'œil et ce petit sourire de satisfaction que vous vous adressez entre « hommes » ont quelque chose de déloyal et de dégradant pour vos compagnes et pour vous-mêmes !

LE FILS

Maman dit vrai.

LE PÈRE

Maman dit vrai. Elle nous fait la leçon. Les femmes, nous le savons, sont au-dessus de tout reproches. Si tu savais comme elles se débarrassent d'un fœtus ou d'un homme... Avec un cynisme, une brutalité ! Elles nous utilisent au maximum...

LE FILS

Mais toi aussi tu les utilises ! Un vrai coureur de jupons. Du souffle, de l'endurance. Et toutes tes histoires de couchettes ? Tu aurais fait un bon vendeur de lits.

LE PÈRE

C'est une pensée trop déprimante pour que je la poursuive jusqu'au bout.

LE FILS

Cela se passe par une pluvieuse journée d'automne. Mon père regarde tomber la pluie de l'autre côté de l'énorme vitrine panoramique de son magasin de lits.

LA FILLE

La pluie tombe de plus en plus vite mais il ne la voit pas tomber, il ne l'entend pas. Il s'ennuie un peu, tout fin seul dans son magasin de lits.

LE FILS

Soudain il s'agite ! Des femmes passent, des femmes de toutes les formes et de toutes les couleurs.

LE PÈRE

Des femmes de tous les parfums. Il y a des hommes qui regardent leurs seins, leurs fesses... Mais moi, je leur regarde l'esprit. Parce qu'il y a des femmes qui ont l'esprit aussi clair qu'un clair de lune et d'étoiles en plein hiver.

LE FILS

Il prend un air invitant et responsable pour monter la garde devant ces lits à deux places qui n'attendent qu'elles, les clientes. Des lits avec de bons ressorts pour les passions et leurs culbutes.

LA FILLE

Les draps ne sont pas encore sales. Dans ces lits, des enfants seront créés ; dans ces lits des adultes mourront.

LA MÈRE

Et passent les femmes, comme le temps, comme la grande vague de fond portée par la nuit. Derrière la vitrine panoramique, le vendeur de lits est seul. Autour de lui, tous ces lits vides ressemblent de plus en plus à un troupeau de moutons dont il est le berger. Un berger d'autrefois, parce que oui, le vendeur de lits est vieux. Terriblement vieux.

LE FILS

Aussi vieux que moi.

LA MÈRE

Tu es jeune et tu apprends.

LE FILS

Je suis si vieux en dedans. J'ai vieilli avant mes os, mon sang et mes muscles. Quand on apprend que la maison où l'on a vécu va disparaître c'est qu'on marche sur son dernier chemin.

LE PÈRE

Mais toi, tu ne seras jamais un vendeur de lits.

LE FILS

Qu'est-ce que je serai ? Qu'est-ce que je serai ? C'est toujours le grand vide des espaces intersidéraux qui me répond.

LE PÈRE

Ta vie est ici. Si tu le voulais, tu pourrais enseigner dans un collège, à l'université.

LE FILS

Enseigner quoi ? Je préfère la solide vérité des lieux communs, à savoir que d'années en années tout va plus vite et laisse de moins en moins de traces dans la mémoire.

LE PÈRE

Ne sois pas si pessimiste ! Ce n'est pas toi qui peux changer le monde.

LE FILS

Le monde on l'a changé bien des fois avant que j'y arrive. Et pas pour le mieux !

LE PÈRE

Nous avons fait ce que nous avons pu.

LE FILS

Tu n'as rien fait. Rien. Et maman non plus !

LE PÈRE

Je t'interdis de critiquer ta mère !

LE FILS

Maman a passé une partie de sa vie à te retenir, à t'empêcher de glisser sur ta pente. Parce que ta pente elle allait encore plus vite que toi ! Sans elle, il y a longtemps que tu serais planté debout dans la rue à distribuer des prospectus.

LA FILLE

Sur les prospectus, il serait chaudement recommandé à tous les individus mâles de la cité, de courir dépenser leur argent dans des cabinets de massages où des femmes exotiques leur feront toutes sortes de choses.

LE PÈRE

Les hommes utilisent les femmes et les femmes utilisent l'argent des hommes !

LA FILLE

C'est comme si tu m'enfonçais un pieu dans le cœur ! Sans maman, tu serais encore plus vieux, plus décrépit. Comment fait-on avec les mensonges, les tromperies ? Comment fait-on pour ne pas en mourir ?

SCÈNE XIV

LA MÈRE

Stella, chère étoile lointaine, nous attendons l'arrivée de nos enfants. Ce soir, enfin ils seront là. Une visite si brève, mais que veux-tu, le temps nous presse. Ironie du sort, c'est juste au moment où cette maison va disparaître qu'ils apparaissent. Si tu voyais ma fille, Stella ! Oui, cette petite fille à qui tu as donné sa première leçon de solfège, de piano. C'est maintenant une grande jeune femme intrépide. Mon mari dit que c'est une espèce d'amazone... Moi je pense qu'elle a tout simplement trouvé sa voie, que la force qui était en elle a fait éclater tout ce qui pouvait ou voulait l'étouffer et l'empêcher de voler de ses propres ailes. Avant de partir pour sa grande aventure elle m'a dit :

LA FILLE

Maman, du seuil de cette porte jusqu'à l'autre bout de l'Amérique, tout n'est que trajet, trajectoire. Mon sens de l'histoire me dit que c'est le futur qui m'attend là-bas, tout bleu, au pied des montagnes.

LA MÈRE

C'est mon fils qui m'inquiète : sa fragilité, sa vulnérabilité m'enserrent le cœur. Aujourd'hui, la jeunesse est entourée de forces hostiles. Tout ce qu'on lui offre, ce qu'on lui propose est sans amour et sans grandeur. Nous voulons qu'elle accomplisse un travail déshumanisé, auquel elle ne peut survivre sans se dégrader, sans perdre sa dignité. Autrefois, en Chine, les empereurs faisaient enfermer dans des vases de porcelaine, de jeunes enfants jusqu'à l'âge adulte pour en faire des nains monstrueux. Et si c'était cela même que nous avions fait à notre propre enfant ? Si nous l'avions déformé et rendu infirme à jamais, Stella ? Ce jeune homme de l'Amérique sera-t-il un père encore plus noué, plus étouffé que celui qui est mon mari ? Je n'ai qu'un seul espoir : j'ai toujours senti qu'il luttait pour briser cette porcelaine qui entravait sa vie et ses forces. À l'instant où je t'écris, cette maison que nous allons quitter n'est déjà plus sur la Terre. Elle plane dans l'espace, tel un toit arraché par un cyclone. Nous l'avons vendue pour payer nos créanciers. Mais c'est un échange aérien car cette vente nous procure deux billets d'avion pour la mer de Beaufort, les glaciers et l'espace immense des oiseaux.

LA FILLE

Maman, reviens !

LE FILS

Man ! Ne t'en va pas !

LE PÈRE

Mais laissez-la tranquille ! Elle s'est détachée de tout, elle écrit. Il lui faut du silence. Elle travaille à l'œuvre de sa vie.

LA MÈRE

Stella, quand nous avions vingt ans, nous pensions que la vie de couple était une grande expérimentation dont les êtres humains étaient les cobayes. Si personne ou presque ne semble réussir cette expérimentation, cela ne nous donne pas le droit de dire que c'est une faillite, ou que c'est la faute de l'autre. Les engagements que nous avions pris l'un envers l'autre, mon mari et moi, n'existent plus depuis longtemps. Au cours des premières années de notre vie de couple, notre relation a surtout été physique : tantôt j'étais sa proie, tantôt, il était la mienne. Je pensais que ce n'était là qu'une étape de notre relation, que ce plaisir, cette extase qui débutait dans nos sens aurait sa consommation dans nos âmes, nos cœurs. Dans la responsabilité, la loyauté et la fidélité. J'ai été tellement aveugle... Aveugle des deux yeux tant je voulais rester associée à l'homme que j'aimais, à celui qui représentait ma patrie invisible, ma sphère entière et illimitée ! Ce qui a dominé les femmes de notre génération portait le nom de monogamie : un seul homme qui dure toute la vie. Ce qui dominait les hommes de cette génération s'appelait la nostalgie du harem ! En réalité, ces hommes qui se voulaient ou se disaient monogames, étaient de véritables chefs de clan africain avec leurs multiples aventures romantiques ou bordéliques. J'ai toujours été persuadée que chacune de ces femmes recevait de mon mari quelque chose qu'il m'enlevait. Le nom de cette chose ? Je ne sais pas encore, Stella. Mais quand j'ouvre une porte, une fenêtre, je l'entends qui s'approche, forte, insistante... Et muette.

LE PÈRE

Juste toi et moi. Nous deux, sans enfants, pour ce beau voyage vers le Nord ! « Le transparent glacier des vols qui n'ont pas fui ! »[1]

LA MÈRE

Stella, le mariage est un endroit où nous sommes démembrées, moralement et psychiquement...

LE PÈRE

Juste toi et moi, hébergés par la neige...

LA MÈRE

Un endroit à lumière rouge où j'ai fait tous les compromis.

LE PÈRE

La neige... La paix maternelle de la neige !

SCÈNE XV

LA MÈRE

Je ne partirai pas avec toi. Nous allons nous quitter pour toujours !

LE PÈRE

(Il prend le canard mandarin dans ses bras et lui parle)

Sommes-nous dans le monde, toi et moi ? Ce monde si beau, si cruel et qui dure depuis si longtemps. Tous ceux qui étaient là avant nous nous ont dit : ce monde vous appartient ! Prenez-le dans vos bras et serrez-le sur votre cœur. Multipliez-le dans des ventres sanctifiés, des ventres estimables. Semez vos enfants et les vents et les corps divins de la terre les récolteront. Mensonge. Illusions. Le monde ne veut pas des pères. Le monde refuse de nous imaginer. Et c'est ainsi depuis toujours, depuis la première génération. Chut... Chut... C'est un secret... Un secret de famille. Qui sommes-nous, toi et moi ? La chaleur la plus faible, le feu le plus bas ? Le feu du désir du père pour la mère. Marée basse, marée haute, un tout petit bateau à l'intérieur du grand, du vieux navire qui voyage dans le vide lent de la mer. Dans le fond du cœur, toi et moi, nous sommes ensemble par une incitation et par une force d'attraction émanant de la plus grande vie, de la plus grande mort. Tu sais... Il m'arrive de me sentir semblable à ces esprits de feu qui font la force du jour et la beauté des nuits étoilées...

LE FILS

Comme les gouttes de sang sur la neige, nous sommes d'un éclat insensé !

LE PÈRE

Le jour décline de plus en plus vite. C'est la onzième heure et je commence à comprendre que maintenant personne ne viendra plus me chercher.

LE FILS

La onzième heure ! Celle qui fait un anneau de douleur dans la poitrine des hommes lassés d'attendre...

LE PÈRE

Pas toi. Pas toi !

LE FILS

Si vous saviez comme je me sens inutile derrière le comptoir de mon bar à la mode, dans le grand New York. Mince consolation, mais on dirait que la stérilité de ma vie me confère une espèce de clairvoyance ! Quand je m'avance pour servir un client, tout bascule. Quelqu'un murmure : un scotch avec de l'eau, s'il-vous-plaît. Je veux avaler mes vitamines ! Il y en a qui ne jure que par le speed synthétique et les sirops bourrés de codéine. D'autres qui préfèrent les antalgiques, les analgésiques, les neuroleptiques... Mais le mot clé n'est pas douleur mais chômage ! Nous sommes des chômeurs spirituels. Pourtant, si quelqu'un voulait m'embaucher, je serais prêt à lui consacrer ma vie.

LE PÈRE

Toute mon existence, j'ai travaillé comme un déchaîné. J'ai brassé des fortunes, j'ai fait trembler des hommes au pouvoir. Je suis entré en rapport avec les géants de l'économie et de l'industrie... Aujourd'hui, je sais que toutes ces choses étaient vaines, qu'elles ne valaient ni mon temps, ni mon cœur.

LA FILLE

Tu le penses vraiment, papa ?

LE PÈRE

Oui. Même s'il est trop tard.

LA FILLE

Ne t'inquiète pas, elle t'aime.

LE PÈRE

Ta mère veut me quitter pour toujours et toi tu as ton regard pas-de-discours-des-actes !

LA MÈRE

Un jour, tu as cessé de me voir.

LE PÈRE

Un jour j'ai senti que je n'aurais plus droit à rien.

LA MÈRE

Jadis, tu m'apportais des fleurs... Nos belles nuits devant le feu, dans le feu, la lave. Je me souviens d'un temps heureux entre toi et moi. Un jour, tu as cessé de croire au bonheur...

LE PÈRE

Parce que tu ne l'attendais plus de moi !

LA MÈRE

C'est faux ! Je l'attendais de toi.

LE PÈRE

Non. Tu l'attendais de tes enfants. Avec le temps, les mères aiment de plus en plus leurs enfants et de moins en moins le père de leurs enfants.

LA MÈRE

Dès que les enfants ont commencé à grandir, tu es parti comme une flèche. Moi, j'ai continué à préparer des choses pour toi, dans la maison et dans mon cœur. Si tu étais rentré, tu m'aurais trouvée sur le seuil de la porte, à t'attendre.

LE PÈRE

À chaque nouvelle conquête je me disais : cette fois, c'est la dernière, c'est fini ! Puis je dérapais, je tombais encore et encore. Je suis une vieille pierre et j'évolue à un rythme si lent que jamais un instrument humain ne pourra le déceler. Pourtant j'avance, depuis des milliers et des milliers d'années, je marche.

LA MÈRE

Souvent j'ai pensé : j'aurais dû faire plus d'efforts pour cet homme-là qui est le mien. J'aurais dû faire plus d'efforts pour mes enfants.

LE PÈRE

C'est de ma faute s'ils vivent en exil. Quand je les revois, je reconnais à peine leur visage si changé.

LA MÈRE

Je crains tout ce qui peut les saisir : le désespoir, la solitude, la tête d'une fusée chercheuse.

LE PÈRE

Sauront-ils prendre soin d'eux-mêmes avec une certaine sagesse ?

LA FILLE

Et c'est ainsi qu'on se charge les épaules d'un fardeau interminable !

LA MÈRE

Les enfants ne sont pas un fardeau !

LA FILLE

Le passé est un fardeau interminable. Les mères, les pères, de plus en plus courbés sous le poids de leurs enfants. Nous les guidons sur un bout de chemin... Puis ils passent ce bout de chemin, le laissant derrière eux ainsi que ceux qui les guidaient. Laissez-les s'en aller ! Laissez-les s'en aller plus loin ! Partez ! Partez !

LE FILS

Qui donc choisit les travailleurs ?

LA FILLE

La joie peut-être !

LE FILS

Mais en Alaska et dans les Andes, c'est encore la Terre ?

LA FILLE

Toujours la Terre, cette souillon de Terre mourante, cette beauté de Terre avec des sources qui apaisent les soifs les plus torrides. Et des routes qui montent plus haut que les nuages, plus haut que les vents solaires. La Terre, jusqu'aux nébuleuses !

LA MÈRE

La Terre de l'immensité des oiseaux, des cataclysmes et des récoltes...

LE PÈRE

Des grives solitaires, des hérons bleus et des canards mandarins. Et la neige, la paix maternelle de la neige. Nous serons comme des oiseaux, hein, maman ?

LA MÈRE

Comme des oiseaux.

LA FILLE

Une Terre où chaque naissance est un rôle nouveau dans cette représentation continue dont nous sommes les immortels acteurs.

LE FILS

(*vers sa sœur*)

Un jour, tu me trouveras sur le seuil de ta porte.

FIN

Étang-aux-Oies
décembre 1987

TABLE

La paix du monde, par Pierre Filion 7
Note biographique 11
Création et distribution... 12
Temps, lieu, décor, protagonistes... 13
Demande de travail sur les nébuleuses 15
Premier tableau 17
Deuxième tableau 39
Troisième tableau 59
Quatrième tableau 73
Cinquième tableau 97

Achevé d'imprimer
en octobre 1988 sur les presses
des Ateliers Graphiques Marc Veilleux Inc.
Cap-Saint-Ignace, Qué.